新娘造型设计与技法
——盘发篇

梁 义 编著

辽宁科学技术出版社
沈 阳

摄影：梁　宇

绘图：梁　源

版式设计：梅志学（品尚引力）www.pvnsun.com

模特：孙亚男（奶茶）　孙靖蓉　吴雅凝　刘科学　陈　曦

服装提供：玛芮莎婚纱

化妆品提供：樱の郎彩妆

梁义博客：http://blog.sina.com.cn/liangyizaoxing

图书在版编目(CIP) 数据

新娘造型设计与技法——盘发篇／梁义编著. —沈阳：辽宁科学技术出版社，2012.1（2013.1 重印）

ISBN 978-7-5381-5842-7

Ⅰ.①新… Ⅱ.①梁… Ⅲ.①发型—设计②发型—制作 Ⅳ.①TS974

中国版本图书馆 CIP 数据核字（2011）第 201255 号

出版发行：辽宁科学技术出版社
　　　　　（地址：沈阳市和平区十一纬路 29 号　邮编：110003）
印 刷 者：辽宁彩色图文印刷有限公司
经 销 者：各地新华书店
幅画尺寸：210mm × 285mm
印　张：8
字　　数：50 千字
印　　数：7001—10000
出版时间：2012 年 1 月第 1 版
印刷时间：2013 年 1 月第 3 次印刷
责任编辑：李丽梅
封面设计：熙云谷品牌设计
责任校对：李　霞

书　号：ISBN 978-7-5381-5842-7
定　价：48.00 元

投稿热线：024-23284063　QQ：542209824（添加时，请注明"美发"等字样）　联系人：李丽梅
邮购热线：024-23284502　联系人：何桂芬
http://www.lnkj.com.cn
本书网址：www.lnkj.cn/uri.sh/5842

梁义 中国十佳化妆师，中国化妆技术能手，中国化妆艺术研创中心成员，全国美发化妆大赛评委教官，樱の郎彩妆亚太区创意总监。

作为中国顶尖大师级造型师，梁义的艺术造诣已突破传统，迈向国际舞台。2008年任大型音乐舞蹈杂技版《胡桃夹子》总造型设计师，其中的魔术师、雪娃娃、中西合璧的杂技演员等造型美轮美奂，耀眼夺目。两年间，《胡桃夹子》赴法国、瑞士、西班牙等欧洲各国巡演，好评如潮，造成轰动效应，更有欧洲粉丝随团到很多城市，剧组演到哪里就跟随欣赏到哪里。

吸纳最新最美的元素，奉献时尚个性的作品，是梁义多年来不懈追求并身体力行的原则。天才＋勤奋＋信念＝成功，梁义用生命谱写传奇。2001年梁义在北京为很多剧组主演化妆造型，与众多当红明星合作，造型天赋崭露锋芒；2005年始，梁义冲击全国化妆盘发大赛一举夺冠，从此成为"冠军专业户"，囊括中国十佳化妆师、中国化妆技术能手、全国首届女士沙龙盘发冠军、全国首届生活时尚化妆冠军、《今日人像》造型擂台赛擂主等荣誉；2010年，当梁义的学生在全国化妆大赛新娘组捧回金奖和荣膺十佳化妆师的时候，梁义本人已成长为全国大赛的评委和评委教官。如今，梁义集中国明日之星模特大赛评委、全国大学生首届"青春校园霓裳飞扬"模特大赛评委、全国中等职业化妆发型大赛评委、中国美发美容"十佳造型师"评委于一身，堪称从大赛冠军到评委教官的"中国造型第一人"。

如今，梁义将更多的精力投入到传授美丽当中。梁义的授课风格轻松幽默，可谓寓教于文，寓教于乐，受到广大学员的欢迎，授课足迹遍布祖国各地，桃李满天下。

用生命谱写传奇！
梁义

美是什么？我认为，美是一门学问，是一门艺术。美超越传统和国界，是善良与智慧的融合。

每天，我们都在看似平凡的生活里追寻美好的事物，品味新的感觉，体会心的共鸣，期待着非凡的诞生。寻寻觅觅，永不放弃！

美在不同场合、不同时间，面对不同人群有着不同的定义。

在个性张扬、风采卓越的婚礼上，美是个精灵，会幻化成完美的妆容，灵动的发型设计，让新娘变得高贵优雅、璀璨迷人。而恰如其分的新娘造型会在一生之中最美的时刻成为最动人的音符，让无比的幸福感顿时荡漾于每个人的胸怀。

造型10余载，曾经亲手打造新娘上千位，每次都费尽思量希望做到最好。朋友们誉我为"空中飞人"、"造型天才"，我的内心则告诉自己，是真诚、热爱让我做到了全力以赴。当我以讲师、客座教授的身份站在讲台上，神圣的使命感会油然而生。正是这样一份传播美丽与自信的使命触动自己，希望用书籍的方式，将我对专业的理解及应用分享给每位美的追随者。书中讲授的现代盘发设计、创作方法都是我多年灵感与智慧的结晶，堪称无价之宝。每个发型都秉承简洁、唯美、实用的原则，让亲爱的读者朋友在欣赏作品的同时，亦能学到经典的盘发技艺，真正实现了创作时的初衷：集欣赏、创作、参考和教学工具书于一体，希望读者在阅读时可以找到似曾相识的内心共鸣、点点思绪，抒发美好情怀。

时常有人问我：荣获了那么多奖项，哪一项对我的人生起到决定性的推动作用？我成功了吗？

人生是个过程，需要细细体会，用心感悟。

2005年是我的里程年。那一年我荣获了全国的盘发、化妆双料冠军。大家都知道目前这个行业很单一，特别是盘发，面临着失传的危机。出版此书的目的，正是希望通过自己的努力，能够让丰富多彩的生活里不可或缺的美以及实现美的技艺得到展示。

我愿意在形象设计中继续探究，踏踏实实地学习，不断拓宽眼界，提高潜在的艺术修养和审美能力，创造出更多有生命力、延展力和富有内涵的经典、和谐的作品。站在巨人的肩膀上，我要让每位求美者通过作品，感悟新鲜、感受时尚、感动心灵、感到震撼、感到满足！

序
新感觉 心共鸣

目 录

盘发分类

好的形象既可以增强信心，又可以肯定自己的社会地位和价值，可以说，好的盘发是一种无声的语言。盘发是造型师将梳、挽、盘、编、叠、扭、扎等操作技法应用于头发，再配以饰品点缀，创造出风格各异、精美绝伦的盘发造型。盘发包括生活盘发、宴会盘发、新娘盘发、表演盘发等几种类型。

表演盘发

突出
设计主题与思想，有创意，新颖别致，具有夸张性。充分体现造型师的构思。在设计中采用象征性的手法。色彩艳丽，造型鲜明，富有立体感及艺术感染力。

新娘盘发

突出
圣洁、秀丽与高雅的风格，烘托新娘身上的喜庆气氛。线条明快，演绎清新浪漫、别致的个性。配以鲜花，钻饰、珍珠等饰物，给人以自然、清新、纯洁或甜美的感觉。

宴会盘发

突出
女性的庄重与华贵，彰显现代与古典相结合的美感。夸张于平时的自然状态，不可以过分花哨，但可配以晶莹闪烁、流光溢彩的珠宝饰物。发丝光亮，线条流畅，波纹圆润。

生活盘发

突出
简单大方的特点，容易梳理，造型感少，线条、发丝流向清晰明了。尽量避免琐碎、繁杂的设计，随处体现随意自然的风格。

盘发与脸形

新娘盘发是一门综合性的艺术，任何一个发型都不是孤立存在的，要结合新娘的脸形、身型、年龄、气质、职业，还要结合婚礼当天的服装、色彩、饰品、场所等众多因素来参考设计。设计的过程中，只有全面考虑以上各种因素，处理好彼此之间的微妙关系，才能设计出时尚个性、创新独特、具有时代气息的新娘盘发。

世界上找不到两片相同的叶子，即使是双胞胎也会有细微的差别，因此你是世界的唯一。当经过科学的测试与统计后，我们首先根据脸形存在的共性和相似点，将脸形分为七大类，然后通过对这七种脸形的剖析，总结出顾客是哪种脸形或比较接近哪种脸形。当你知道顾客的脸形后，便可以通过发型设计的原理，来塑造一张完美的脸，如果你认为顾客的脸形是不同脸形的混合体，那么，选一种最为接近的脸形，进行设计。

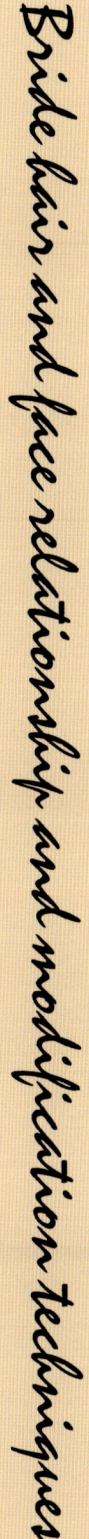
7种脸形

甲字脸

甲字脸又称鹅蛋脸，整体脸部宽度、长度适中，从额头面颊到下颏线条修长俊秀。甲字脸长久以来被视为最理想的脸形。也是发型师用来设计完美发型的依据。甲字脸适合中式风、日韩风、英伦风、欧美风、田园风等各种漂亮发型。

申字脸

申字脸的人面部一般比较清瘦，颧骨突出，尖下颏，发际线较窄，面部比较立体，给人一种机敏、理智、冷艳的感觉。申字脸最接近标准脸形甲字脸。发型设计时，头顶不宜过高，可选择蓬松自然造型，也可选择自然轻松碎刘海儿。额头两侧宜蓬松。颈部也可适当采用侧发或夹卷来修饰。

田字脸

田字脸的人长度与宽度相近，下颏突出、方正，线条平直、方正、有力，棱角分明。面部会给人一种坚毅、刚强、堂堂正正、富有正义感的印象。发型设计时，适宜梳高一些。增加高度、曲线轮廓、卷发线条感会对田字脸起到改变直线条印象的直接作用。刘海儿适宜四六、三七不对称分缝，增加视错感。可适当采用侧发或夹卷来修饰。

由字脸

由字脸的人额头较窄，下颏骨偏宽，整体脸形呈梨形。多数会给人稳重、憨厚、威严的印象，也会给人发福、福相的感觉。发型设计时，顶发和前额两侧蓬松为好，宽度最好与下颌骨平齐或自然宽出一些。乱而有形的发型会有效地改变由字脸的沉重与压抑感。

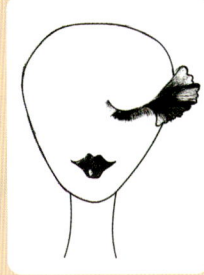

国字脸

国字脸的人脸形偏长，额头与下颏骨的轮廓硬朗且方正。给人以正直、严肃、生硬、呆板等印象，缺乏柔美的感觉。发型设计时，不宜高点定位，刘海儿宜侧分后发梢卷翘，增加动感。加强宽度感或制造卷度增加蓬松感。

钻石脸

钻石脸也称为倒三角形脸，额头过于宽，下颏过于尖，消瘦感很强。多数会给人聪明、小巧、小家碧玉的印象，很精致。发型设计时，体积不宜过大，下颏两侧或单面适宜做发髻或不规则的发辫，从而增加下颏的宽度。

圆形脸

圆形脸脸短颊圆，颧骨结构不明显，整体感觉近似圆形。圆形脸给人以可爱、明朗、活泼和平易近人的印象。看起来比实际年龄小。发型设计时，刘海儿宜高耸，或顶发增高，尽量避免用发卷或曲线的线条来造型。拉长脸部的造型可增加脸的长度，增加棱角感。

发型与脸形的协调设计法

①遮盖法

遮盖法主要是用通过盘发的基本手法如梳、挽、盘、编、叠、扭、扎、卷筒、波纹等巧妙组合的发型来弥补脸形上的不足，再配以饰品点缀。如果长脸形额头偏大，用刘海儿来遮盖额头马上会显圆润。反之，用倒梳的方法将刘海儿加高会让圆脸变成近似椭圆形的标准脸。总之，我们可以通过发型将视觉形象不完美的部分适当修饰后变得协调自然，从而掩盖不足。

②衬托法

衬托法主要是通过盘发造型的不同表现形式及设计理念如黄金比例、变化与统一、均衡、呼应、节奏、强调来增加视觉的错差，简称视错。如脖颈过长，两侧夹卷后自然散落，长度固定于肩胛骨左右来衬托。这样的比例与宽度会恰到好处地来分散人们对脖颈的注意力。

③填充法

填充法一般是借助倒梳头发或填充假发、利用饰品点缀等装饰来弥补头型与脸形的缺陷，体现三维立体的饱满性，以达到预期效果。如发丝过软，发量过于稀少，那么，填充假发包既简便又不损伤发质，同时还可达到理想的高度。

一款好的盘发究竟会用到哪些手法，没有标准与规定。在操作过程中，我们不仅要考虑头发的长度与厚度，还要综合考虑新娘的脸形、兴趣、爱好等多方面的因素，更要灵活掌握这些因素的联系，才能使发型设计并制作得生动流畅，产生美的效果。

盘发造型

24款

每一次的创作，都仿似踏上一段全新的旅程。欣赏着沿途美丽的风景，一路走过，无论是生机勃勃的初春，无论是骄阳似火的盛夏，无论是硕果累累的深秋，还是白雪皑皑的寒冬，用技艺带给你非同凡响的体验。感受着美丽带给你的喜悦与快感，演绎着精彩绝伦的人生大戏！

造型很难有统一的标准。时尚是个见仁见智的定义。造型师的心情、身处的环境都属于造型的范畴。55%的外表装扮，38%的肢体动作，7%的语言魅力，这是一种从外表的形象打造到内心的生活态度的改变。

HUANCAIDUOMU

奏响瑰丽天使的 华美乐章

　　她穿着一件件如花绽放的礼服裙，梳着高耸如云的发髻，踩着一双简洁精致的美屐……传奇而亦幻亦真。我相信所有人在看到的那一刹那都会认为是否在品读新人的仙梦奇缘！

　　银灰色的丝绸花朵点缀；桃红的单肩流线剪裁；同一款白纱因为袖子的改变与添加，完全展现了不同的风采。一个是经典皇室婚礼风，一个是现代潮流的风向标。足以见"小配饰，大作为"造型的神奇之处。

　　发型的设计采用了经典的云字卷，波浪过渡和编辫发卷相结合的手法，重点强调三维立体感。线条流畅、光滑整洁的特点，延续了优雅别致的气息。

　　饰品的色彩与服饰相呼应，寓意精巧的蝴蝶翩跹发丝之间，水乳交融，诗情画意，犹如一笔丹青的画面，是美与流行尖端的天人合一。

BEAUTIFUL MOVEMENT

粉金生香
Powder flavor

粉金色的礼服，V形领的设计，肩上的花朵与流苏恰到好处地把新娘的身形展现得玲珑有致。粉金色衬托出新娘格外的娇嫩与贵气！

造型前

 **Step** 将头发横向分区，电卷棒纵向夹卷。

③ **Step** 刘海儿的夹卷方向尤为重要，需要蓬松夹至发根，如需纹理，轻烫发丝即可。

⑥ **Step** 剩下的发缕以食指为轴心旋转，固定于发根处，发梢融于第一缕发丝。

⑦ **Step** 左发区发根倒梳后以云字卷固定于发包上。

③ **Step** 以黄金分割点为分界线，后发区扎成马尾。前发区刘海儿处单独划分后，左右分别定点。

⑧ **Step** 右发区同样倒梳后以云字卷处理，摆放于发包前方，发梢处注意弧度要圆滑。

⑨ **Step** 将第二片梳光梳顺后，边注意弧度边以云字卷固定于S形纹理右侧。

④ **Step** 将提前做好的假发包固定于马尾的发根处，为下一步发髻制作做铺垫。

⑤ **Step** 将后发区的马尾一分为二，横向包裹于发包之上，注意发丝流向。

⑩ **Step** 刘海儿的弧度依脸形的长度来确定，脸形偏长者可做低刘海儿至眉峰处。

曼纱情影
Shadow Man yarn

婚纱的曼妙与晶莹营造着每一位新娘的幸福和浪漫。高贵的气质，妩媚的神情为造型的定位有了很好的依托。皇室贵族的造型一直是典礼时最佳的选择，经典而隆重！

美——来自由内而外的绽放，才能永久芬芳……

造型前

① Step 将头发分为 4 个区域，前发区中分为二，后发区的中心顶发单独固定。

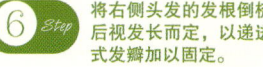

② Step 将假发包固定于顶发区下方，注意长度近乎于头顶宽度。

⑥ Step 将右侧头发的发根倒梳后视发长而定，以递进式发瓣加以固定。

⑦ Step 左侧头发同上操作，然后将鬓角区发根倒梳，与顶发包连接后递进向下发瓣加以固定。

③ Step 将顶发发根倒梳后梳顺包于发包上方，发干处扭转加以固定。

④ Step 发梢处以蝴蝶形发瓣左右分别固定。可采用不对称摆放的形式。

⑧ Step 发梢盘卷后与枕骨处大发包融合为一体。左右同样处理。

⑤ Step 后发的中发区倒梳后盘卷于枕骨处，长度视脖颈长度定位。

⑨ Step 后发区处理好后，刘海儿处借助夹卷后的自然弧度轻松处理，发梢与后发区巧妙衔接。（见左侧大图）

瑰丽佳人
The Magnificent Lady

敬酒是婚礼当中不可缺少的环节，大红色、桃红色的礼服一直是新娘的首选，单肩褶皱的交叉让新娘的身材近乎完美，再与粉红唇膏相呼应，更加楚楚动人！

① Step 将头发分为3个区域，左鬓角区、刘海儿区和右后发区。

② Step 将右侧发区头发以3股辫子为轴心，每一股以添加续股的方式编结。

⑥ Step 发辫编至发尾后，以平行盘绕的方式固定于右区发辫汇合点。

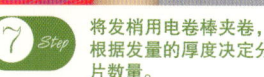

⑦ Step 将发梢用电卷棒夹卷，根据发量的厚度决定分片数量。

③ Step 发辫在添加的过程中逐渐地增加厚度与量感。

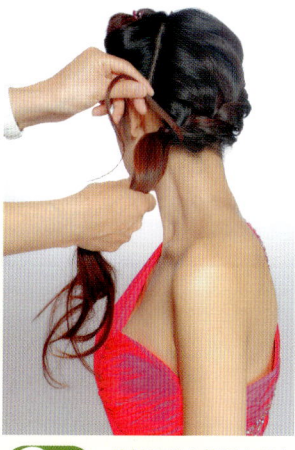

④ Step 编好后用皮筋固定于左发际线颈部处。取一缕发束缠绕于皮筋处。

⑧ Step 将发卷提拉扭转，采取乱而有形的方式布局定位。

⑤ Step 左鬓角区采用3股辫提拉，每一股以添加续股的方式编结。

⑨ Step 刘海儿梳顺后发梢编结缠绕于发髻根部，注意刘海儿的弧度与松散度。

蓝海迷情
The blue ocean

蓝色的光缀诠释着高贵与优雅，造型定位不准就会让新娘略显老气，如何既时尚又有华丽感是每一位造型师的追求。让我们共同步入蓝色畅想吧！

① **Step** 将头发分为4个区域，刘海儿区、左侧反区、右侧发区和脑后区。后发扎成低点定位的马尾。

② **Step** 先将左发区的头发梳光滑，扭转后加以固定，为下一步纵向分区打好基础。

⑥ **Step** 马尾的发片以螺纹的方式编结、缠绕，以自然松散为主。

③ **Step** 将每一发束顺时针旋转，固定于后发区马尾根部。

④ **Step** 左右采用同上的方法，清晰、有力度地均匀旋转并加以固定。

⑦ **Step** 第二缕头发与第一缕交叉，错落有致地穿插，随意但有形。

⑧ **Step** 刘海儿的发根倒梳后，把表面梳光滑后松散地编制3股辫。

⑤ **Step** 整体发束以放射状方式摆放与布置。

⑨ **Step** 刘海儿以海螺的形象固定于眉毛上方，突出虚实结合。

同一件婚纱因为配饰的添加，就会演绎出不同的系列与风格。如这款造型因袖子与颈花的添加，新娘可爱与俏皮感油然而生。在婚礼上也是快速变装的最佳选择！

幻梦轻纱
Dream veil

造型前

1 Step 将头发分为两个区，刘海儿横向宽度以左右眉峰为准，后发区扎成马尾。

2 Step 取一缕头发缠绕于束发的皮筋处。

6 Step 处理刘海儿时，一定要依据新娘的三庭五眼的比例来决定其高度。

7 Step 刘海儿的后区采用倒梳的方式定位高度，发际线表面梳光滑。

3 Step 将头发倒梳，增加发量，表面梳光梳顺。

4 Step 依据头顶宽度将头发横向挽成发髻，发梢自然留下。

8 Step 刘海儿区的发干部分采用扭筋的方式前推或后移来定位高度。

5 Step 将发梢梳顺后以O形定位，发尾置于发髻下方。

9 Step 发丝或发缕略有问隙感，凌乱感的处理会更吻合80后的审美。

诗意柔情
Poetic sentiment

银灰色在礼服中既高雅又低调，是新娘答谢晚宴最佳的选择，有如在繁星点点的夜空中，你才是最亮的那一颗。单肩罗马袖的设计仿似雅典娜女神矗立在眼前。

① Step 首先将头发分为前区和后区，刘海儿处理成"6"字形波纹。

② Step 在顶发区的左侧固定一发包来增加发量。

⑤ Step 将剩下的发量一分为二，取一缕做成S形固定于右侧发区。

③ Step 从马尾处取1/3的发片包裹于发包之上，表面处理光滑。

⑥ Step 另外一缕头发在后发区居中做一发髻，发梢留出为下一步作准备。

⑦ Step 发梢梳顺后以"9"字形固定于发包之上。

④ Step 另1/3的发片发根倒梳后同样包裹于发包上，发梢做成半圆形。

⑧ Step 造型的重中之重是刘海儿与发髻的巧妙结合，这是修饰脸形最好的表现形式！

海的女儿，白雪公主，灰姑娘，青蛙王子，一个个动人的爱情故事让人为之感叹，为之动容。

每一个小女孩儿都期盼着穿上漂亮的水晶鞋，举着仙女棒梦游仙境，当梦醒后就会对妈妈的梳妆台充满好奇——多彩的化妆品，美轮美奂的饰品……在幻想中慢慢长大，跨入另一个华美的世界——婚礼殿堂。梳妆打扮，在耀目的灯光下，浪漫的音乐中，芬芳的花海里，定制华美篇章。

模特的清秀、娟美、精致。仿似童话中的公主落入凡间。在造型上结合模特头发的长度适度添加假发，或填充，或蓄发，以假乱真。为了表现婚礼当天的出门纱造型、敬酒、送宾客、录外景、答谢晚宴等不同场合的快速变化后发型的特质，极少使用定型产品，碎发使用婴儿润肤蜜定型，避免换发型带来的疼痛感。

编发的环节体现了田园风。高点定位展现的是典雅名媛风。刘海儿是造型的重中之重，不同的走向、不同的遮挡产生风格万千之感。

MENGYOUXIANJING

公主嫁衣 霓裳飞扬

　　每个女人都是公主，在这特别的日子里会拥有万般的疼爱与尊宠。在红地毯上，浪漫的公主形象不但奢华抢镜，更能留给每一位永恒的经典印象。千变万化的人生充满乐趣，完美的华服帮你谱写曼妙童话。人气公主一定要选择象牙色或纯白色以彰显纯洁浪漫；保守公主会选择庄重典雅的米黄；流行公主会选择粉红、粉蓝、浅银灰色，柔和悦目；勇敢公主会选皇家蓝、墨绿、粉紫色，贵气又不失个性。有了罗曼嫁衣，还需精彩无限、创意繁多的造型来衬托。当霓裳飞扬的时刻，伴随着一张张洋溢幸福的脸庞，谱写着神奇与浪漫，轻纱曼舞间，绽放瑰丽华彩。

盛世红妆
Redspirit

艳丽的大红色礼服把中国的特色和喜庆的氛围营造得分外别致。V形领，肩部的珠花与水晶将新娘的脸形衬托得更加标致，肤色显得更加白皙。

造型前

 首先用电夹棒将头发横向分片，纵向夹卷，增加发量与柔顺度。

② Step 将头发三七侧分，右鬓角区发片向内扭转，用头夹顺着发丝加以固定。

⑥ Step 取一缕和新娘发色相同的假发固定于后发区的颈部发辫处。

⑦ Step 将假发一分为3片，每一片分两缕扭拧成两股辫并顺时针盘绕。

⑧ Step 将剩余的头发依次顺时针扭紧盘绕。

③ Step 依据发量的厚度决定是否需要倒梳，和第一个卷筒留有间隙后，向内卷筒。第三缕头发依次向上向内卷做卷筒。卷筒逐渐增高。

⑨ Step 根据新娘的脖颈长度，结合露背装的比例决定盘绕的长度与宽度。

④ Step 刘海儿和左鬓角区同步梳顺后向内扭转。

⑤ Step 以扭转的发梢为轴心，将后发区顺势向内卷筒。

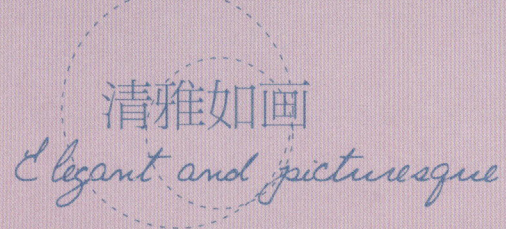

清雅如画
Elegant and picturesque

荷叶袖的多层次设计为这款婚纱更增添了几分柔美与浪漫，领口与裙摆的不对称设计令新娘演绎出一份动感，一份似水柔情！

造型前

①  Step 将头发分为 4 个区域，左鬓角区、右鬓角区、刘海儿区、后发区，后发区扎成马尾。

② Step 左鬓角区采用 3 股辫提拉续股的方法编结，发梢缠绕于马尾辫根部。

⑥ Step 将刘海儿分为两片，倒梳发根后以 S 形做外翻卷筒。

③  Step 右鬓角区同左，在马尾辫上方将与发色相同的假发固定。

⑦  Step 另一片刘海儿借助夹卷后的自然弧度将发梢向上卷筒，以自然为主。

⑧ Step 整体刘海儿似海浪翻卷、跳跃，前后区发缕衔接自然有形。

④ Step 马尾分为若干发缕，采用交替、罗列等方式错落有致地摆放于假发之上。

⑤ Step 右侧发缕采用同样的方法罗列。注意弧度与宽度要配合脸形的比例。

霓裳魅影
City Opera

蓝绿色的光缎礼服,腰间缠绕的紫色亮缎似一道彩虹凸显腰身。洋洋洒洒的珠片花点缀其中,更多了一份新意,一份娇艳!

造型前

① Step 首先用吹风机将发根吹蓬松，增加发量与方向感。

② Step 将头发以十字分缝法分成4个区域。

⑥ Step 前发区提拉倒梳后增加头发量感，表面梳光梳顺。

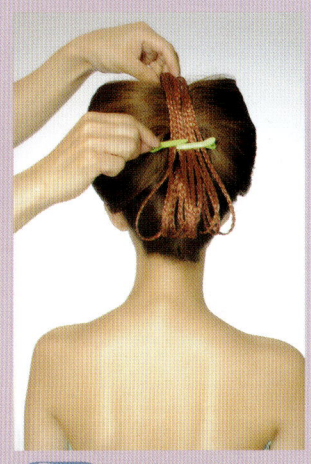

③ Step 将头发低角度提拉倒梳，向内以梳柄为轴心翻转固定。

⑦ Step 注意卷筒的弧度与蓬松度，固定在对接缝的延长线上。

⑧ Step 左右采用同样的方法固定，取一缕假发辫固定于后发区，增加层次感。

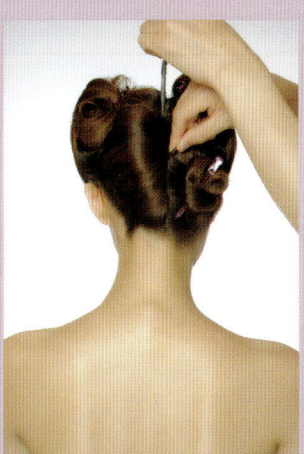

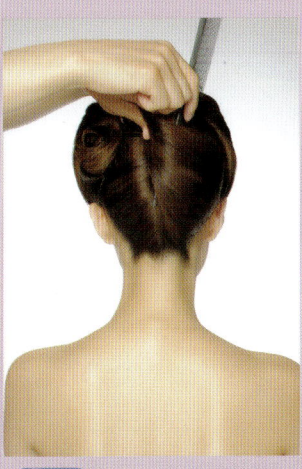

④ Step 将头发用发夹固定结实后再将梳子拿开，避免发卷滑落。

⑤ Step 左右两侧采用同样的方法与第一束发卷对应固定。

⑨ Step 刘海儿处添加两缕假发辫加以修饰，增添妩媚感。

⑩ Step 顶发区添加与礼服同色系的网点纱，以蝴蝶结的形状加以固定修饰。

粉妆香颂
Powder chanson

玫瑰红色与黑色切割石巧妙相加，既抢眼又富有个性。穿插罗列的蝴蝶结恰到好处地增加答谢酒会的低调奢华。

造型前

1 Step 先将头发分成两个区，后发区高点定位扎成马尾。刘海儿区单独固定。

2 Step 将后发区分成3股发缕，左右对称的两缕倒梳后向内卷筒。

6 Step 取一片黑色刺绣感的蕾丝垫于刘海儿的下方。

3 Step 倒梳时注意饱满、蓬松、发根坚挺。

7 Step 将刘海儿分成两片后，首先倒梳后以递进的方式向内做卷筒。

8 Step 发梢倒梳后，表面梳光，固定时要注意和后发区的衔接。

4 Step 表面梳顺梳光滑后，以食指为轴心向内做卷筒。左右对称呈现蝴蝶瓣状。

5 Step 中间发缕旋转向内扭放后加以固定。

9 Step 第二片刘海儿的提拉方向和第一片有错落感排成。

田园风情
Pastoral style

中国的水墨画娟秀，富有内涵的晕染与过渡更加富有诗情画意，用红与绿的对比色在婚纱上的使用显得更为大胆，极富新意！中西方的结合得到完美演绎！

①  首先将头发一九分缝，先将刘海儿区梳平梳顺后固定于耳后上方。

② 在刘海儿区上方，采用发带式样，用松散的3股辫编结来体现一定的高度。

⑥ 发梢处向外翻卷，分成若干缕，定位为乱而有形。

③ 在耳后上方将发辫与刘海儿衔接，注意分区清晰，线条明朗。

⑦ 调整方向，宽度。与发辫形成虚实相间感。

⑧ 发型的设计由发辫和发卷相结合，与婚纱的中西合璧风格相呼应。

④ 顺着发际线编结续股，发辫匀称有力。

⑤ 左鬓角区梳光滑后向内扭转，在发辫根部汇合。

华美绽放
China and the United States

柠檬黄色的礼服似夏日的一缕骄阳，明快、跳跃！欧根莎的面料更增添了轻盈感。蓝粉色的珠花以不对称的方式相间点缀，让新娘多了一份天真的浪漫，以及满满的自信！

造型前

① Step 首先将头发横向分为3个区域，第一个、第二个分别用皮筋扎紧固定。

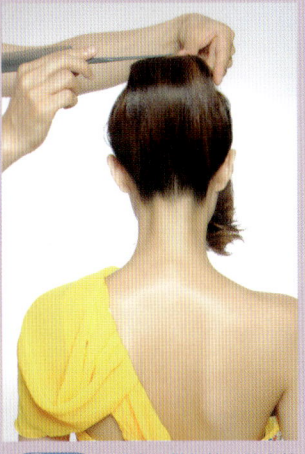

② Step 后发区做倒梳，外表梳光滑后向内做大卷筒。

⑥ Step 第一束马尾分为若干股，向上翻卷与顶发衔接过渡。

③ Step 第二束马尾分为若干股，每一缕以"6"字形罗列，蓬松一些会更好。

④ Step 同样的方式依次罗列，增加递进感。

⑤ Step 顶发区增加蓬松感，表现发丝的透明感后用干胶定型。

⑦ Step 额前刘海儿区分出两缕以U形罗列，以上庭的长度定位。

⑧ Step 将最后一缕松散的发束编为3股辫，结合顶发区的弧度来放置。

⑨ Step 发辫光滑，线条流畅，发尾以"9"字形和后发区衔接。

中式的婚礼仪俗蕴涵着丰富的内容和文化底蕴。古时候有"三书"与"六礼"：聘书、礼书、迎亲书，纳彩、问名、纳吉、纳征、请期、亲迎、安床。当下，无论是习俗上还是形式上，虽然一部分还在延续，一部分已经改良。但色彩上仍以纯粹的大红色、大绿色作为主打色以示喜庆。其上布满了珠宝锦绣，雍容华美，仪态万千，是古往今来无法替代的中式情结，美丽的传承。

如今选择中式婚礼的新人越来越多，新娘身上具有民族特点的时尚元素也会越来越多。预示着未来的生活蒸蒸日上，幸福美满！

接下来的4款造型结合模特端庄、温婉的特质，非常适合展示中式的圆润、贵气的盘发造型。通过高点定位的简洁圆筒、侧区定位的不对称盘卷和低点定位的韩式演绎，让新人会有一种变化万千、标新立异又不失庄重、典雅之感。

YONGRONGHUAMEI

锦

这一刻你的微笑如此
动人。这一刻你的美丽
摄人心魂。婚礼中洋溢着
爱的温暖。感谢上天赐予人生
的幸福时刻，沿着幸福轨迹描绘
出焕彩多姿的人生。美好时光，愉
悦时刻！中式情结，优雅永恒。色彩是
无声的语言，当你看到的一刹那，你的
心情会为之感染，红的喜庆，橙的
温暖，绿的娇嫩，紫的神秘……
哪怕是喜极而泣，在那怒放
的一刻都是最动人、最美
丽的瞬间。

暖·永恒
Warm eternal

炫紫魅影
Purple shadow

紫色的礼服呈现出的低调奢华的设计理念、高贵婉约的设计风格，使得新娘更加的迷人，相信在答谢晚宴的场景中，一定会成为众嘉宾的焦点，犹如紫色长河中星光熠熠！

造型前

1 *Step* 首先将头发分为3个区域，除刘海儿区外，后发区束成两个马尾后，分别从中间穿插向下，然后夹卷。

2 *Step* 每一缕发丝要喷发胶后再夹卷，这样纹理性、光滑性、操作性都会随之增强。

6 *Step* 每一缕卷筒在交叉时注意纹理的错落感，衔接自然，吻合审美定位。

3 *Step* 首先用一缕头发将皮筋处缠绕，然后发瓣左右提拉做内卷筒。

7 *Step* 刘海儿向后提拉做云字卷后与后发区衔接即可。露出饱满的额头。

8 *Step* 整体发型追求光滑度，饰发品与礼服的水晶珠片相呼应。

4 *Step* 借助发胶定型后的纹理随弯就弯地将发缕交叉定型，固定于颈部发际线边缘。

5 *Step* 将每一缕螺旋卷筒以U形盘旋，发梢插于发瓣之间。

凝望芳香
Staring at the aromatic

简约而不失高贵的抹胸白纱，朦胧俊美。随身摆动，在聚光灯下闪耀迷人，鲜花的点缀与修饰，香气袭人。南瓜马车的浪漫梦想就在这里为你实现。

 **①** Step 首先分出刘海儿区，然后将后发区扎成马尾。

 **②** Step 由于新娘的头发比较长，故将后发区的头发做一大挽包。高度依据新娘的脸形确定。

⑥ Step 取一个假发包固定于顶发区，增加高度的同时，制造上宽下窄的视觉效果。

 **⑦** Step 将剩下的发尾梳光梳顺，将发片处理得既薄又匀后覆盖于假发包之上。

 ⑧ Step 同样做成"6"字形与刘海儿区有呼应。整体发型突出简洁、东方之美！

 **③** Step 和其他发型不同之处是先将刘海儿区造型，这样有助于后发区造型。

④ Step 刘海儿倒梳后向内做"6"字形的卷筒。表面梳光滑。

 ⑤ Step 后发区的发尾一分为二，取其一缕向内做卷筒固定于刘海儿区之上。

翠绿雅韵
Green rhyme

绿色的礼服很别致，色调的纯粹让人会联想起生机盎
然的春天。珠片与立体花的缝制使得晚礼服增添了几分优
雅。凸显新娘的优美身段，华丽可人。

造型前

 Step 这是一款不对称的发髻。先将头发分为4个区，即刘海儿区、左发区、顶发区和后发区。

 Step 将后发区扎成马尾后固定于右侧枕骨的发际线边缘，将假发包固定于耳侧。

 Step 发梢于颈部顺势而下，向内呈旋转状梳光滑。

 Step 将马尾发梳顺后缠绕于假发包上，发尾做一云字卷。

 **Step** 右侧刘海儿利用钢夹将头发做成波纹状用发夹固定，波纹延长至左发髻。

 Step 刘海儿区以"6"字形与发髻汇合。注意发卷、波纹大小的比例，要错落有致。

 Step 将顶发区剩余的发片同样扭转成波纹状后下发夹固定。注意摆放位置及纹理。

取后区顶部头发分为两片后，扭转成波纹状，用发夹固定。

乐彩华章
Music color Huazhang

中式的龙凤袍、马来袍、旗袍等一直是新人的别样情怀。喜庆热烈的氛围会深深感染每一位亲朋。中国特有的情节与风俗华美绽放！

造型前

① Step 将头发的刘海儿区单独固定，后发区中分后分为左右两区。

② Step 3股辫连续股式编结是中式情节最好的表现手法。编至发际线处扎成马尾。

⑥ Step 将马尾处的发片同样扭转为波纹状后用发夹固定。注意摆放位置及纹理。

③ Step 在皮筋处加假发包填充。取一束头发将发包光滑包裹，做波纹卷。

⑦ Step 刘海儿分为3片，也可更多，第一片发胶定型后以S形固定。

⑧ Step 第二片定型后从第一片S形刘海儿下方穿插出去后固定。

④ Step 波纹卷纹理最好与包假发的发丝纹理交叉，这样可以更清晰地体现立体效果。

⑤ Step 左右采取同样的方法，用假发包填充。左右大小尽量统一，比例协调。

⑨ Step 第三片同样穿插第二片的S形后，与3片发尾融合为一绺做发卷固定。

爱的故事因人而异,爱的本质却是相同,每个人都渴望为婚姻与爱情寻找一份恒久。除却动人甜蜜的爱语,纯粹不变的温情,还有魂牵梦萦的回忆。

新娘的发型是女人一生的记忆。它是长发飘飘到轻轻盘起,仿似从少女到成人的美好见证,是将全部的美丽用头发做最好的诠释。无论时尚界的发型趋势如何往复轮回,经典的赫本造型,法式的优雅,还是英伦的奢华,婚礼上的自然格调还是被当下新娘所崇尚,乱而有形的造型理念一次又一次地独占鳌头。

模特刘海儿的松散与镂空感,或数字的造型感,结合后发区的凌乱有序,打造出的清新时尚新娘别有一番情调。纵使时光流转,简洁即是高贵的理念始终无法磨灭。柔软的青丝盘绕轻扭,编制着那份潜藏在心底的爱情故事!

ZHIZHENWANMEI

时尚界充满着战火硝烟，处于百家争鸣的纷飞缠绕当中，情绪在造型中波动。有复古的野性魅力，有零碎感的随意知性，有华丽高贵的优雅，摒弃繁复，简约自然风大行其道。呈现着自然的美态和微醉的性感，令人心动。简约而不简单是每一位新娘的扮美心得。正如经典永远耐得住岁月的洗礼与推敲。

蓝色情怀

幸福真爱，守护经典

荧粉悦色
Fluorescent powder color Yue

单肩的肉粉色小礼服，既活泼又灵动。蕾丝的质感衬托着新娘的妩媚动人。肩头的花朵娇艳欲滴，新发芽的藤蔓刺激着春意浓浓的感观！

1 将头发分为4个区，后发区分为左右两区，将左发区倒梳，增加量感。

2 左发区外表梳光滑向内做挽包，右发区以同样的方式做挽包。

6 顶发夹卷后倒梳，发丝柔软可在喷好发胶后倒梳，制造纹理感。

3 右发包叠加在左发包之上。发梢自然留出后，为顶发区做铺垫。

7 倒梳造型时从三维立体的角度制造蓬松感。发梢乱而有形。

8 顶发制造蓬松度后，根据新娘脸形的三庭定位高度。

9 虚实结合的造型设计，强调顶发的蓬松度与弧度。

4 左右的鬓角区依据新娘的额头宽度倒梳增加高度后，向内卷固定。

5 刘海儿区梳光梳顺后"6"字形固定在额头上方。

沁蓝物语
Blue moon

冰蓝色的礼服是新娘敬酒与送宾客的轻盈之选。
大V字形的领型适合下颌较宽的新娘。
七彩的水钻点缀在肩带周围，华丽闪烁。

① 将头发分为前区和后区，后区倒梳后增加枕骨处头发量感。

② 蓬松处理好后发区后，将发包固定在黄金分割点处。

⑥ 顶发倒梳造型时从三维立体的角度制造蓬松感。发梢要乱而有形。

③ 左右的鬓角区依据新娘的额头宽度倒梳，增加高度后向内卷固定。

⑦ 侧发区线条流畅，注意刘海儿区与顶发区的衔接，要蓬松自然。

⑧ 后发区倒梳后与枕骨衔接自然，用发夹局部固定。

④ 刘海儿区倒梳，增加高度。

⑤ 刘海儿区用发胶制造粗线条的纹理感，凌乱但有方向感。

⑨ 顶发区略高于刘海儿区，用发胶定型，制造虚幻缥缈的感觉。

旷雅绽放
Kuang bloom

白纱的质地演绎着不同的审美追求，光缎代表着华丽与典雅，蕾丝代表着性感与妩媚，雪纺纱代表着圣洁与浪漫。立体花是每一位新娘都喜欢的装饰亮点。

造型前

① **Step** 首先将头发的左发区倒梳，增加蓬松感。

② **Step** 表面梳光滑后向内做挽包。注意调整高度。

⑥ **Step** 将后发区保留的发量一分为二，将第一缕做"6"字形盘卷。

③ **Step** 将刘海儿与顶发区先保留出来，右发区梳顺后向内做挽包。

⑦ **Step** 在第二缕发根处加垫假发包。

⑧ **Step** 将第二缕发顺后做云字卷，包裹覆盖于假发包之上。

④ **Step** 左右挽包在枕骨处汇合。光滑度与弧度在左右衔接时要自然。

⑤ **Step** 刘海儿用排骨梳将发根吹蓬松，发干、发梢吹成S形。暂时固定于刘海儿处。

⑨ **Step** 将刘海儿的发根倒梳，顺着吹风机吹好的S形向后提拉。

⑩ **Step** 发梢处用发胶喷湿后倒梳，保持曲线松散自然。

红色撞击着绿色，炽热性感，盛放诱惑，激情与魅力光芒四射。

粉色蝴蝶结清新俏皮，宛若芳卉，让浪漫女人完美化。

米色，优雅梦幻，永难舍弃，高贵与奢华倾世迸发。一款款，一件件展现着新娘的万千风情。

随着出嫁的日子一天天临近，喜悦在心底荡漾的感觉，让人心潮澎湃，憧憬着美丽百分百的梦想即刻实现。采用中西合璧、古典与现代结合的设计理念，利用传统的续股编辫、松散凌乱的卷发盘绕、改良的编卷刘海儿等造型手法，展现东方秀美之源。

SHEYANCUICAN

魅

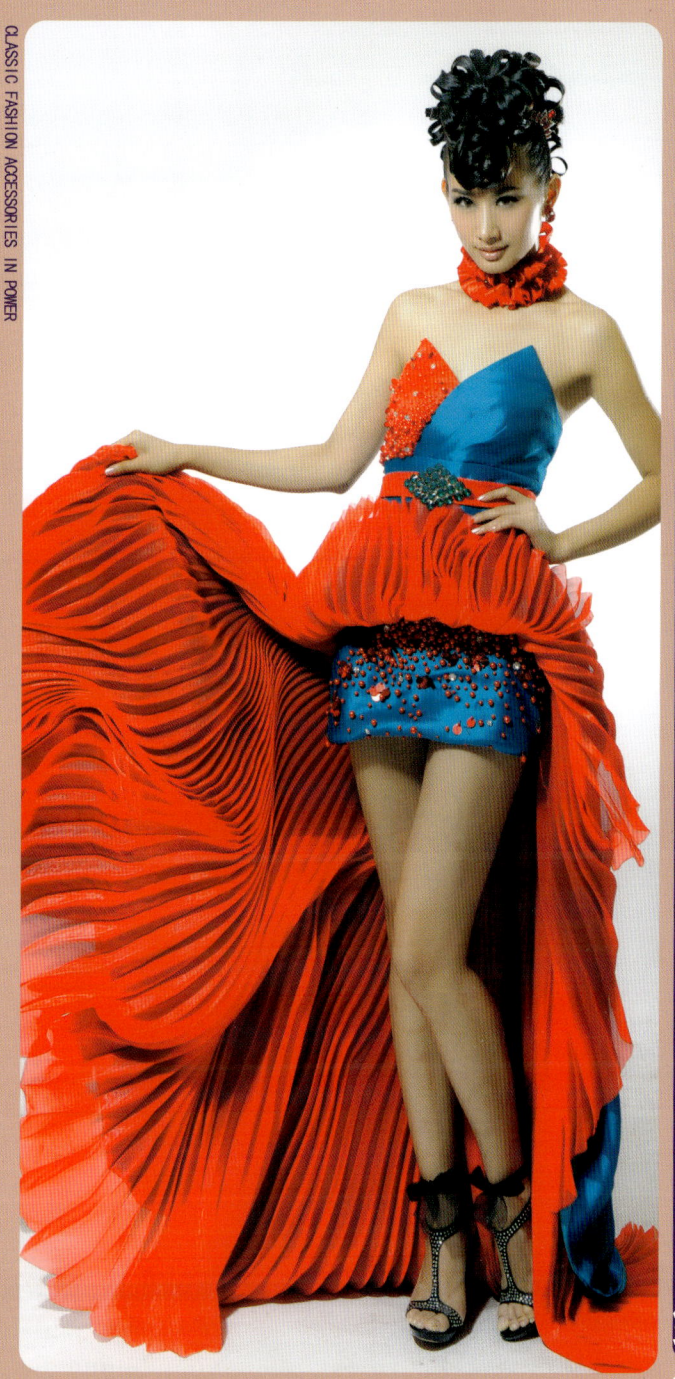

经典的造型是永远不会过时的。但要让经典造型再次引领风潮，就需要在传统的经典造型中加入一些现代元素稍作改变。这些小小的变化能让每一款经典的造型都别具味道，更会让你焕然一新。每件饰品都是一个故事，都拥有独一无二的光芒。只有真正懂得它们的人才能将它们的灵气发掘出来并搭配极致。每一件饰品的不同佩戴方法都会有意想不到的惊喜，抓住那一闪而过的灵感，并将之变为现实，令人万般惊艳的明眸，此刻焕然绽现！

经典风潮
配饰当道

水晶花样
Crystal pattern

　　雪白的婚纱上闪现的立体花与点点珠片，独一无二的设计。轻盈、华美。蓬蓬裙的浪漫圆了每个少女的童话梦！在鲜花、掌声与祝福声中走向神坛，留下一道美丽的身影。

① **Step** 首先将头发分为顶发区和后发区，然后将后发区的右侧编3股辫。松散地提拉每股的1/2。

② **Step** 将后发区头发分为3缕，每缕采用相同的方式松散地提拉，发梢自然散落。

⑥ **Step** 三七或二八分缝，刘海儿需蓬松推出自然纹理，编3股辫后与后发区的发辫穿插。

③ **Step** 将第一个3股辫和第二个交叉盘绕，第三个和第二个交叉盘绕，饱满，乱而有形！

⑦ **Step** 发梢夹卷后纹理自然松散，侧发的发辫弧度与后发区从三维的角度看饱满自然。

④ **Step** 将顶发区刘海儿和两侧头发留出后，其余的头发打结盘绕后与发辫结合。发梢夹卷。

⑤ **Step** 侧发区松散编辫，提拉1/2后增加宽度与蓬松度，发尾与后发区衔接。

⑧ **Step** 此款盘发的定位是当下的最受欢迎的自然成熟、随意、饱满、浪漫。

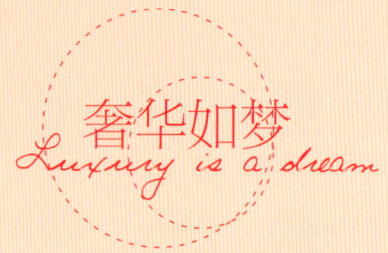

奢华如梦
Luxury is a dream

　　每位新娘都是世界的唯一，面对各式各样的婚纱，你大概已经眼花缭乱了吧？时尚的婚礼需要走在潮流前端的个性婚纱，看看我们的主题婚礼中，个性新娘的新造型吧！

造型前

① Step 分出刘海儿后，将新娘的长发高点定位扎马尾。

② Step 在马尾前端用两个假发包固定增加高度。视新娘脸形长度定高度。

⑥ Step 刘海儿区头发同样扭转做"8"字形发卷。注意额头比例，发尾做发卷与顶发衔接。

③ Step 将马尾分为3缕，其中一缕先将假发包缠绕后做发卷，再用夹子固定。

⑦ Step 顶发的侧发卷与刘海儿处"8"字形卷的摆放错落有致，灵活生动。

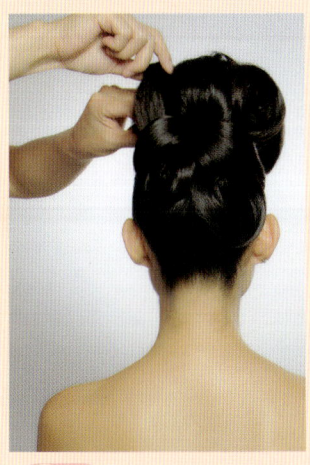

④ Step 第二缕头发扭转做"8"字形发卷，注意高度与光滑度。

⑤ Step 第三缕头发同样扭转做"8"字形发卷，大小比例要有交错感。

⑧ Step 整体发型突出个性、简洁、高贵，线条流畅自如！

纯色柔情
Pure love

　　七色彩虹，七色梦想。香槟色的礼服，手工缝制的七彩光片，宫廷的盘发造型，甜美之中充满了复古的韵味。香槟色、粉蓝、粉紫、翠绿、朱红、柠檬黄洋洋洒洒地跳跃在人们的视线之中，仿似海市蜃楼一般如梦如幻！

① Step 二八分缝后将刘海儿分片后固定。右侧发区采用两股扭劲续股的方式扭结。

② Step 后发区扭两股辫在左发区处扎马尾,取一缕头发缠绕发根覆盖于皮筋上方。

⑥ Step 将编好的发辫分为两层抻成圆盘形,呈现略有凹陷的弧度,在左侧固定。

③ Step 取出其中一小缕头发作为起源编3股辫,单侧以添加续股的方式编结。

⑦ Step 刘海儿梳理光滑后在耳侧向上旋转扭劲。

⑧ Step 扭好后固定于耳侧上方。发尾编3股辫,固定于发盘辫之中。

④ Step 以马尾为轴心均匀续股添加旋转编3股辫。

⑤ Step 发量多时,续股添加的发缕可多一些,发量少则反之。编至最后,发尾编3股辫定型。

旖旎嫁衣
Romantic wedding

靓丽的晚装最能展现新娘的风姿与韵味！鲜艳的嫩粉色，夸张的大蝴蝶结，将视觉的中心吸引到腰间，既隆重又端庄。造型上多一点可爱就会更加完美！

造型前

 1 Step 以眉峰为准分出刘海儿区域，扎马尾于左额头上方。后发区扎马尾固定于枕骨处。

2 Step 将后发区头发分为4缕，取出其中一缕梳顺后缠绕打结，发梢自然留出。

6 Step 将每一缕发卷喷发胶后，挑开分散摆放。

7 Step 摆放的角度与蓬松度依照新娘脸形适当放宽。

3 Step 同样的方式将第二缕缠绕打结，注意松散及蓬松度。

8 Step 刘海儿的皮筋取下后梳光滑，然后向内做大挽包，发干编3股辫。

 9 Step 3股辫在刘海儿的大挽包中间缠绕，发尾依然夹卷。

4 Step 发尾均匀地固定于缠绕打结的发包周围，从左上方至右颈部，由短到长。

5 Step 将留下来的所有发尾夹卷。

倾城之美
Fashion beauty

撞色风暴席卷全球，个性新娘们也不甘落伍。红与绿交叉式的设计既大胆又突出喜庆的主题。前短后长的下摆，既将身材秀得玲珑有致，又把美腿展现得性感妩媚！装扮出一个与众不同的风尚新娘。

造型前

1 Step 头发分为前后两个区。后发区扎马尾高点定位。

2 Step 将马尾的1/2夹小号浪板增加头发量感后，全部梳顺固定于黄金分割点处。

6 Step 将刘海儿分为4缕，喷发胶后夹卷。

7 Step 将4股发卷交叉盘绕，尽量蓬松，曲线自然。

3 Step 加一假发包填充。

8 Step 刘海儿因喷过发胶，所以便于造型，随意合理地固定在额头上方。

9 Step 将顶发剩余的1/2头发分若干缕，喷发胶夹卷。

4 Step 将1/2的头发均匀覆盖在假发包之上。表面梳光滑，发干处扭转固定于枕骨上方。

5 Step 固定好后，再将头发梳顺，向内做大挽包。比例要与顶发包协调。

10 Step 夹好后，将每一缕发卷抻为弹簧状喷胶定型固定于发包之上。

良性高效的沟通给力新娘美妆

兵法曰："知己知彼，百战不殆。"造型亦然。造型师在亲切沟通的过程中充分了解新人，取得新人的信任，是促成良好合作的前奏。婚嫁前两三次的沟通尤为重要。

Art of War said："Know themself, know yourself." Shape is no different. Stylist in a cordial and understanding of the process of communicating new people, get new trust is to facilitate good cooperation prelude. Marriage first two to three times communication is particularly important.

沟通场合

咖啡厅：选择一个舒心浪漫的时间，轻柔的音乐，香醇的咖啡，描绘畅想着婚礼当天的曼妙与美好。这样会减少初次见面以及谈专业话题的尴尬与生疏感。

工作室：选择工作室是最为理想的地点。工作室氛围专业，无论是礼服的展示，还是配饰的摆放，无处不在勾起新人的惊喜与幻想。甚至是一副耳环都会让你和新人迅速展开关心的话题。

婚纱店：选择婚纱店是直接进入主题最捷径的方式，针对新娘的脸形、体型、肤色、气质、喜好、色彩、经济条件等量体裁衣，准确定位。这样下一步的沟通就会主题明确。如针对不同喜好（简约的、浪漫的、华丽的、典雅的）可对号入座，不同气质（公主型的、蓬裙型的、贴身型的、王后型的），针对不同脸形、肩型等可选择抹胸婚纱、吊带婚纱、一字肩婚纱、斜肩婚纱、V形领婚纱、立领婚纱、圆领婚纱、方领婚纱等。针对不同体型裙摆可选择有缝裙、鱼尾裙、A字裙、直筒裙、短裙等。这样会充分利用你的专业造诣，既节约时间又让新人平添几分信任感！

跟妆新娘的重要性

　　一般来说，新娘应选择跟妆师（新娘秘书）来实现一对一的VIP服务，免去婚庆中途花妆的尴尬，避免一些突发事件发生后无法弥补。鲜花和祝福包围着百感交集的新娘，接亲、迎宾、典礼、敬酒、送客、答谢等任何婚礼环节都应做到万无一失。

　　婚礼前造型师和跟妆师应与新娘进行高效沟通并试妆，了解准新娘的喜好和个性需求。利用自身高尚的品位、前卫的思想，加上专业的理念，与新娘达成共识。也许心灵火花碰撞的刹那，你们对婚礼的形象已产生共鸣，开始成为朋友。

　　青草、露珠、阳光的盛装婚礼，搭配幸福满溢的玫瑰粉唇膏和腮红，让新娘像新鲜水果一样诱人水嫩。婚礼当天，造型师为新娘塑造清新、自然、和谐的妆面，新娘会发现原来自己也可以如明星一样光彩夺目，享受着自己如此美丽的幸福感觉。当新娘自信满满地走在红地毯上，享受着老公的爱意和朋友们羡慕的目光，成为婚礼上众人瞩目的焦点时，你更会有感而发——沟通尤为重要。

造型师谨记事项

　　造型师要熟练掌握化妆造型技巧，更要掌握不同主题婚礼的风格差异，要注意种族、宗教信仰的禁忌事项，同时一定要知晓新人的特殊要求，以免造成无法弥补的矛盾。

新娘美妆表格

　　另外，要以下列问题为参考，因地制宜建立专业资料卡，记载基础数据及新人档案，方便随时有效地进行快速、便捷的查询，记忆详细记录，省时且成功地完成美丽全攻略！

　　婚礼举行的时间、场所
　　会场的布置、主打色调
　　早妆的时间、地点
　　婚礼的流程、礼服的件数
　　伴娘妆、妈妈妆由助理来做
　　平常是否有过敏现象、用哪些化妆品
　　建议的发丝长度与发色
　　希望婚礼当天的发型与彩妆特质
　　内心最喜欢的造型或明星、名人的形象
　　流行的影响，适合、不适合

恰到好处地交流与提问

　　造型师与新人在适宜的环境交流与沟通会是塑造美好形象的开端。

　　顺理成章可开始思考下列相关问题，借由客户的回答，思索婚礼当天如何让你眼前的新娘成为真正的婚礼皇后，思索如何在一天的婚礼流程中变换不同的造型，让众嘉宾见证奇迹产生，让造型的快速改变实现变魔术般的神奇美丽！

As a reference to the above problem, according to local conditions to develop a professional data card,Record basic data and new files to facilitate quick and effective at any time,Convenient query, detailed records of memory, time-saving and successful completion of a beautiful Raiders!

小饰品，大作为

——无与伦比的饰品

水晶鞋、南瓜车、梦幻婚纱……完美新娘，闪耀殿堂……每位新娘都梦想在婚礼上成为真正的公主。曼妙绝伦的礼服、傲人惊艳的妆容、个性化的独特造型定格幸福瞬间，为婚礼增添童话色彩和无尽的诗情画意。

或高贵，或甜美，或性感，或端庄，或典雅……相信在这个难忘的日子里，每位新娘都不会忽略配饰的巧夺天工。因此，造型师务必与新娘融恰沟通，巧妙设计，融入个性特质，才能引爆婚礼现场最in的表达！

细节光芒致艳全场，配饰与礼服都是服饰概念的有机组成部分，饰品佩戴有传播信息和特殊寓意的作用，往往表明新人的心愿或是某种特有的含义。因此，恰到好处地佩戴饰品，可起到画龙点睛的作用。我们有理由相信，用心领会以下介绍后，一定会找到一套专属于你的婚纱礼服配饰。

让新娘像明星一样出嫁！

婚纱礼服配饰8点准则

准则1　少就是好，精致经典。
准则2　同色最妙，相得益彰。
准则3　质地相同，彼此呼应。
准则4　身份相符，无声语言。
准则5　修饰体型，扬长避短。
准则6　吻合季节，冷暖适宜。
准则7　服饰协调，和谐最美。
准则8　遵守习俗，心怡脱俗。

发型相同

饰品不同

效果不同

心情不同

刘海儿与盘发

刘海儿最容易改变形象，齐刘海儿、斜刘海儿、高刘海儿、侧刘海儿、翻翘刘海儿等，无论是真发的改变还是假刘海儿的添加，对发型及整体形象的改变创造了极大的可能性，为美丽加分！

新娘盘发TPO

中国素有"礼仪之邦"、"衣冠王国"的美称。其中，发型是在一定历史时期里物质、经济和文化发展的重要标志之一，同时更是人类自身仪表与美姿的重要展示部分，其涵盖了人物的性格、脸形、体型、年龄、职业、阶层、民族等特质。结合TPO原则，利用精湛的剪吹、盘发等技巧，可以扬长避短，获得恰如其分的装扮！

Time

Place

Object

如今，最吸引新人的个性化婚礼，譬如主题婚礼、教堂婚礼、森林婚礼、沙滩婚礼、热气球婚礼、潜水婚礼、酒吧婚礼、草坪婚礼、沙滩婚礼、游艇婚礼、焰火婚礼，以及仅有两个人的亲密婚礼等，都因场地不同而营造出不同的特色！而无论何种造型，只有充分考虑了TPO原则，才能得到最理想的效果。

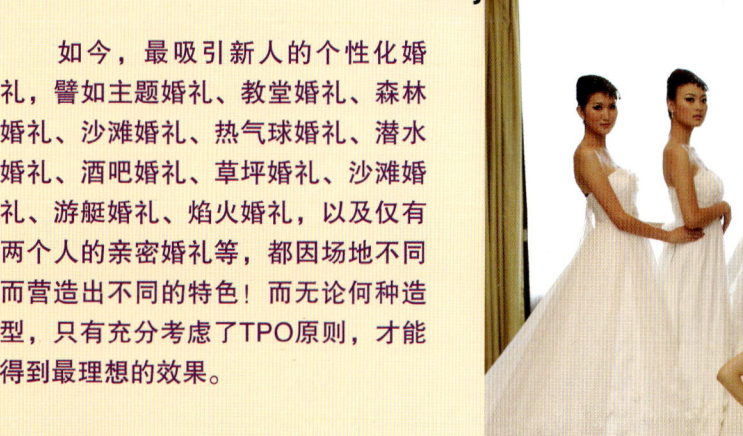

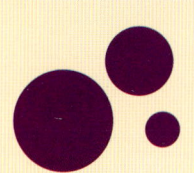

婚礼盘发快速变换技巧

记录爱情的真谛，以及那些值得回味的我们能想到的和想不到的点点滴滴的浪漫。记录新娘最美的一天，记录新娘因为你的专业造型带给她的风格各异的造型所缔造的惊喜。

浪漫、温馨、唯美、时尚、经典，所思所想的就是美，适合才最美！

如何能让之前设计好的发型得到最好的展现，在有限的时间产生无限的可能？在新娘最美的一天，你要万无一失、不留遗憾地将美丽进行到底！

如今，无论是浪漫的西式婚礼还是喜庆的中式婚礼，无论是北方的凌晨抢婚习俗，还是南方的傍晚夜宴亲朋，每一位新娘都希望把风格迥异的美丽展现给亲朋好友。而每个婚礼的共同特点是：接亲（出门纱、龙凤袍），典礼（主婚纱、龙凤装），敬酒（随体礼服、旗袍），送客（礼服、凤仙装）。有了以上的流程，造型师和新娘的沟通定位后，计划的发型与配饰都要像军事化一样条理清晰地制作与摆放。

为了完美地制造经典，这里将多年来总结的快速变换发型的技巧和大家分享一下。

①打好基础是关键。发质好，发长、发量适中的新娘可提前夹卷。发质软、发量少的可提前夹"玉米须"增加头发量感。发丝硬、过于顺滑的可提前倒梳、打毛。经过以上处理，在造型时，既可节省时间又会容易出形，便于固定。

②真假发巧妙结合，以假乱真。将需要的假发包、半发片等根据提前设计的发型所需加以修改。发色必须相同。增加高度用发包填充，造型用半发片。

③定型产品的选择很关键，不仅要护发还要定型。室内宜选择柔软的造型产品，室外宜选择快干的发胶，直喷表面一层。改发型前不要喷水，干梳头发再造型会利于第二次造型的蓬松度。

④产生差异感是变换造型的主要目的，如婚礼当天要变换4个发型，接亲可选择韩式的低点定位的盘发，典礼选择经典的赫本盘发，敬酒选择田园风的盘发，送客选择随意松散的侧垂发。这样一高一低，或整齐或凌乱的变换就会给人耳目一新之感。

⑤刘海儿可谓变换造型的重中之重。刘海儿改变形象最明显，齐刘海儿、斜刘海儿、高刘海儿、侧刘海儿、翻翘刘海儿等，无论是真发的改变还是假刘海儿的添加，为发型的改变提供了不可磨灭的功绩。

⑥主题发型不做大的改变。局部松散夹发卷或盘起，发尾喷发胶后或倒梳制造凌乱纹理感，或不喷发胶梳光滑盘卷。前者会有时尚感，后者会有高贵感。

⑦饰品是辅助快速变换发型的点睛之笔。同样的发型，佩戴大小不同、质感不同、元素不同的饰品会有意想不到的感官效果。所以说，婚礼当天千万不要佩戴款式类似的饰品。巧妙地佩戴饰品可是哪缺补哪、哪低补哪最好的法宝。饰品选择的原则是宁缺毋滥，避免画蛇添足。

为快速变换发型提前做足准备工作，会令婚礼当天的造型事半功倍，正所谓有一句话说"意在笔先"，即思想大于行动。多观察、多积累、举一反三地变换造型，一定会让新人与宾朋多一份惊喜，多一份美妙的回味！

新娘头发护理秘诀

　　婚前对秀发加倍地呵护，柔美的秀发就会为新娘增添万分柔情与魅力，令新娘在婚礼当天充满自信地展现清新自我的极致风华。头发的护理在婚礼前3个月就应启动了。待嫁的准新娘们该怎样做头发的保养，才会成为时尚靓丽、万众瞩目的焦点呢？

　　准新娘们一定要养成每周以营养膏做持续性头发保养的习惯。目前，市面上洗发护发的产品可谓琳琅满目，应根据头发的性质（油性、干性、混合性、敏感性、受损性等）来选择适合的产品。比如说头发过于干燥，就一定要注重"锁水"。可以用一些含氨基酸、水杨酸等深层滋润的洗发水。护发是一个循序渐进的过程，贵在坚持。

　　①洗发时，先将洗发水倒在手掌心，加水，摩擦起丰富的泡沫后再均匀地涂抹在头发表面，然后用指腹按摩头皮，采取按压弹起的手法，时间在5分钟左右，这样会更好地促进血液循环，有效地让发根吸收营养成分。

　　②洗发后用柔顺护发素，距离发根2厘米的位置将发干、发梢均匀涂抹。用浴帽包裹5分钟左右，如果有蒸汽加热滋养的话，效果会更理想。特有的养护因子吸附在头发表面，防止水分和养分流失。

　　③洗发后可适当地涂抹一些营养液、丰盈霜等深度护发产品，它们可以使头发外表活性物分子定向排列，令头发的纤维电荷减少，电阻降低，形成一层防静电的保护膜，使头发更柔软、顺滑。

　　④如果头发受损过于严重，如分叉、开裂、干枯、易断、烫伤等，一定要到美发店将发梢修剪后做专业的护理，如使用护发精华素、毛鳞片恢复液、精华、焗油膏等，借助红外线、离子喷雾器等进行深层修护。

成功仿似阶梯飞跃时空
uccessful step leap like reality

超越梦想细心体会沿途风景

eyond the dream carefully to understand the scenery along the way

无论繁花似锦还是冰雪消融
oth flowers blooming like a piece of brocade or melting snow and ice

一情一景都会给我带来无限灵感与感动

feeling of a king would bring me endless inspiration and moved

激励我一路欢歌 笑语前行

nspire me laughing all the way

Successful step leap like reality

Beyond the dream carefully to understand the scenery along the way

Both flowers blooming like a piece of brocade or melting snow and ice

A feeling of a king would bring me endless inspiration and moved

I nspire me laughing all the way

Marisaqueen

我购买了《**新娘造型设计与技法**——盘发篇》

1. 个人资料

姓名 ＿＿＿＿＿＿ 出生 ＿＿＿＿ 年 ＿＿ 月 受教育程度 ＿＿＿＿＿＿＿＿＿

毕业学校 ＿＿＿＿＿＿＿＿＿＿＿＿ **单位** ＿＿＿＿＿＿＿＿＿＿＿＿＿

工作岗位 □店长 □技术总监 □发型师 □发型助理 □其他 ＿＿＿＿＿＿

通讯地址 ＿＿＿＿＿＿＿＿＿＿＿＿＿＿ **邮编** ＿＿＿＿＿＿＿＿

联系电话 ＿＿＿＿＿＿＿＿＿ **QQ** ＿＿＿＿ **MSN** ＿＿＿＿＿＿＿

2. 您从何处得知本书的出版? □书店 □报纸杂志《＿＿＿＿＿＿＿＿＿》
□书讯 □亲朋好友 □网络 □美发产品市场 □其他 ＿＿＿＿＿＿＿＿

3. 您大约什么时候购买的本书? ＿＿＿＿＿ 年 ＿＿＿ 月 ＿＿＿ 日

4. 您从何处购买的本书? ＿＿＿＿＿ 市 ＿＿＿＿＿＿＿ 书店
□展会 □邮购 □网上订购 □美发产品市场 □其他 ＿＿＿＿＿＿

5. 您购买本书的原因?（可复选）
□对主题有兴趣 □工作上的需要 □出版社 □作者 □价格合理（如不合理,您觉得
合理的价格应是 ＿＿＿＿＿＿ 元）□其他 ＿＿＿＿＿＿＿＿＿＿＿

6. 您最常在什么地方买书? ＿＿＿＿＿＿＿＿＿＿＿＿＿＿＿＿

7. 您经常购买哪类图书? ＿＿＿＿＿＿＿＿＿＿＿＿＿＿＿＿

8. 您所喜欢的美发技术及管理方面的图书或杂志有哪些?
① ＿＿＿＿＿＿＿＿＿＿＿＿＿＿ ② ＿＿＿＿＿＿＿＿＿＿＿＿＿＿
③ ＿＿＿＿＿＿＿＿＿＿＿＿＿＿ ④ ＿＿＿＿＿＿＿＿＿＿＿＿＿＿

9. 您购买美发图书时考虑的因素有哪些?
□作者 □主题 □摄影 □出版社 □价格 □实用 □其他 ＿＿＿＿＿

10. 您对书籍的写作是否有兴趣? □没有 □有（我们会尽快与您联络）

11. 您认为本书有哪些尚需改进之处?

＿＿＿＿＿＿＿＿＿＿＿＿＿＿＿＿＿＿＿＿＿＿＿＿＿＿＿＿＿＿＿＿＿

＿＿＿＿＿＿＿＿＿＿＿＿＿＿＿＿＿＿＿＿＿＿＿＿＿＿＿＿＿＿＿＿＿

12. 您有合适的作者可以推荐吗（请写出他／她的详细联系方式）?

＿＿＿＿＿＿＿＿＿＿＿＿＿＿＿＿＿＿＿＿＿＿＿＿＿＿＿＿＿＿＿＿＿

＿＿＿＿＿＿＿＿＿＿＿＿＿＿＿＿＿＿＿＿＿＿＿＿＿＿＿＿＿＿＿＿＿

＿＿＿＿＿＿＿＿＿＿＿＿＿＿＿＿＿＿＿＿＿＿＿＿＿＿＿＿＿＿＿＿＿

注：此表可复印使用，或通过 QQ、E-mail 等方式把相关信息传至 542209824@qq.com 即可

亲爱的读者朋友，您对《新娘造型设计与技法——盘发篇》及我社出版的其他美发类图书有何意见与建议，欢迎来电、来函与我们沟通。对于您的支持与关心，我们不胜感激。凡提供反馈意见者（注:上表可复印使用），均可成为我们的会员，在参加我们举办的各种培训活动时，可享受8折优惠;从我社邮购其他美发类图书时，可免邮资。同时，我们也热切地希望您能踊跃投稿或是为我们推荐优秀的作者!

联系方式

地　　址:沈阳市和平区十一纬路29号　　　　　　　　　　邮　　编:110003

投　　稿:024-23284063　　QQ:542209824（添加时，请注明"美发"等字样）　　联系人:李丽梅

邮　　购:024-23284502、23284375、23284559、23284357　　联系人:何桂芬

我想对编辑说……